COMITÉ CENTRAL AGRICOLE

REBOISEMENT.

RAPPORT

SUR

LES MÉMOIRES

PRÉSENTÉS

au Concours ouvert par le Comité central agricole

DE LA SOLOGNE,

AU NOM DE LA COMMISSION DE SYLVICULTURE,

Par M. BAGUENAULT DE VIÉVILLE,

Président de la Commission cantonale de Jargeau du Comice d'Orléans.

ORLÉANS,

IMPRIMERIE D'ÉMILE PUGET ET C°, RUE DE LA VIEILLE-POTERIE, 9.

1865.

COMITÉ CENTRAL AGRICOLE

DE

LA SOLOGNE.

1° Quels sont les procédés de boisement qui doivent être suivis en Sologne ?

2° Quel est le choix des essences qui doivent être employées, soit isolément, soit simultanément ?

3° Un sol étant donné à boiser en Sologne, est-il plus avantageux de faire succéder une pinière à une pinière, en les séparant par des cultures de céréales avec engrais artificiels, que semer en même temps des pins et des bois feuillus ?

4° Parmi les espèces de pins, lesquelles doivent être préférées ?

5° Quant à celles qui comportent le repiquage, le semis est-il plus avantageux que le repiquage ?

RAPPORT

Fait au nom de la commission permanente de Sylviculture sur le Concours;

Par M. BAGUENAULT DE VIÉVILLE.

Extrait du Procès-Verbal de la Séance du 15 octobre 1865.

ORLÉANS,
IMPRIMERIE D'ÉMILE PUGET ET Cⁱᵉ, RUE VIEILLE-POTERIE, 9.

—

1865.

RAPPORT

FAIT AU NOM DE

la Commission permanente de Sylviculture sur le Concours.

MESSIEURS,

La Sologne, au dire des auteurs qui ont écrit sur cette contrée, était autrefois très-boisée ; on assure même qu'au XVIᵉ siècle les forêts couvraient la moitié de son territoire ; peu à peu, par différentes raisons, sur lesquelles on n'est pas parfaitement d'accord, les bois ont disparu, au point qu'au commencement du dix-neuvième siècle il n'en restait plus que le 1/10ᵉ de sa superficie. A la suite de la disparition des forêts, survinrent dans le pays la stérilité, la dépopulation, l'insalubrité, la misère. Réveillés de cet état de langueur depuis la paix générale et la nouvelle impulsion donnée à l'industrie et à l'agriculture en France, les propriétaires ont fait de grands efforts pour la rendre à la culture, son état s'est sensiblement amélioré ; mais, l'expérience et des études nouvelles ont démontré que, vu la nature de son sol, le reboisement était encore le plus sûr remède à ses maux, au point de vue de la production, au point de vue de la salubrité, l'œuvre s'est donc poursuivie dans ce sens : dans l'espace d'un demi-siècle, la Sologne a doublé son étendue de bois qui est aujourd'hui remontée à 2/10ᵉˢ (98,219 hectares, en 1858, d'après M. Machart) (1).

(1) 63,734 h. en bois feuillus.
    34,485   en bois résineux.
———————
    98,219

Mais un examen plus attentif et plus approfondi de la nature et des ressources de ce pays, non-seulement a confirmé les premières idées sur son aptitude et ses besoins à venir, mais a conduit a déclarer que la proportion ancienne des 5/10ᵉˢ en bois, était encore insuffisante, et qu'il fallait y consacrer les 2/3 pour livrer le 3ᵉ tiers à une culture plus soignée et plus productive. Cette opinion, que j'avais humblement émise en 1850 [1], et qui avait été vivement combattue à cette époque, a depuis été pleinement confirmée avec une bien plus grande autorité, par notre savant collègue, M. Brongniart, spécialement chargé par le Ministre de l'Agriculture, d'étudier les besoins et l'état du pays [2]. Les anciennes voies de transport améliorées, de nouvelles voies ouvertes par la haute sollicitude de l'Empereur, le projet d'un nouveau chemin de fer voté par votre Comité, qui traverserait la Sologne de l'est à l'ouest, ont fait tomber les objections principales, et dissipé les craintes d'encombrement des produits forestiers : l'activité du commerce des bois de Sologne, la dépréciation, momentanée, il faut l'es-

[1] *De la Canalisation de la Sologne*, par un cultivateur solonais, pages 12 et 13.

[2] M. Brongniart admettait, d'après plusieurs auteurs, une contenance approximative de 460,000 hectares, pour lesquels il indiquait la répartition suivante :

Terres arables améliorées par une bonne culture.	100,000 Hect.
Prairies naturelles assainies et irriguées.........	42,000
Étangs réduits en nombre et en étendue, au plus.	8,000
Bois feuillus, taillis et futaies...................	100,000
Bois résineux ou sapinières......................	200,000
Bâtiments, vignes, jardins.......................	10,000
	460,000 hect.

D'après la carte dressée récemment par les soins du Comité central, la Sologne se compose de 502,000 hectares. Pour ceux qui trouveraient trop forte la proportion indiquée par M. Brongniart, des 2/3 en bois et de 1/3 à la culture, ils auraient encore après les 300,000 hectares consacrés à la sylviculture 202,000 hectares ou les 4/5ᵉˢ à cultiver.

pérer, des céréales, mais résultat probable du progrès de la culture et des nombreux défrichements opérés en France, semblent encore fortifier cette idée, et démontrent l'importance et l'opportunité des questions que le Comité central de la Sologne a mises au concours.

Voici ces questions :

« 1° Quels sont les procédés de boisement qui doivent être suivis en Sologne ?

« 2° Quel est le choix des essences qui doivent être employées, soit isolément, soit simultanément ?

« 3° Un sol étant donné à boiser en Sologne, est-il plus avantageux de faire succéder une pinière à une pinière, en les séparant par des cultures de céréales avec engrais artificiels, que semer en même temps des pins et des bois feuillus ?

« 4° Parmi les espèces de pins, lesquelles doivent être préférées ?

« 5° Quant à celles qui comportent le repiquage, le semis est-il plus avantageux que le repiquage ? »

De la solution de ces questions dépend donc en grande partie la prospérité à venir de la Sologne; nous devons conséquemment tenir à ce quelles soient nettement élucidées quels que soient la forme et le plan qu'aient adoptés les concurrents.

Elles avaient déjà été mises au concours en 1862. Trois mémoires vous avaient été envoyés; aucun d'eux n'a été jugé digne du prix. Quatre mémoires aujourd'hui vous ont été adressés parmi lesquels un des trois, de 1862, retouché par l'auteur.

Nous essayerons d'abord de vous donner une analyse sommaire de chacun de ces mémoires, puis, dans une vue générale de l'ensemble nous chercherons les notions utiles, les idées applicables et les fruits que la contrée pourra en retirer, comme aussi nous tâcherons de relever et rectifier les erreurs qui se trouvent dans plusieurs des opinions émises.

Le n° 1, selon l'ordre où nous avons reçu ces mémoires, a pour épigraphe : *aidons-nous les uns les autres.*

L'auteur, après une exposition bien faite de l'état ancien et de l'état actuel de la Sologne, de son appropriation à la sylviculture et des avantages qu'on trouvera à l'y ramener, passe à la nomenclature des essences de bois qui réussissent ou doivent réussir dans cette contrée, et signale les procédés les plus généralement employés pour leurs semis ou plantations.

Il indique le chêne d'abord, et plusieurs de ses variétés ; le châtaignier, le bouleau dont il apprécie les avantages, l'acacia, l'orme, le tilleul et le frêne, qui doivent, dit-il, réussir en Sologne ; l'aulne, le saule, le marsault, pour les fonds humides et marécageux ; enfin, dans la catégorie des essences résineuses il désigne le pin maritime, le pin laricio, le pin sylvestre, et ajoute que les rendements de ce dernier conifère sont presque toujours supérieurs à celui des autres espèces, opinion qui n'est pas généralement acceptée.

Passant aux espèces qui peuvent être mélangées avec fruit, il approuve les combinaisons du chêne avec les pins, du châtaignier et du bouleau, du pin maritime et du pin sylvestre, et repousse l'association du châtaignier avec le chêne et avec les pins, et celle des pins et du bouleau.

Il entre ensuite dans l'appréciation des frais occasionnés par une plantation de chêne et de pins, qu'il porte à 76 fr., et de là, au produit qu'on peut en retirer dans une période de 25 ans, produit qu'il évalue à 1,088 fr., c'est-à-dire à un revenu moyen de 40 fr. 42 cent. par année ; et parallèlement à un mélange de pins maritimes et pins sylvestres dont il évalue le produit pour la même période de 25 ans à 1,431 fr. 50 cent. ; moyenne par année 56 fr. 40 cent., *nets de tous frais.*

L'auteur se départ ici d'un très-bon principe qu'il a posé, de ne point établir de chiffres qui sont variables selon les localités ; et en effet, les chiffres qu'il présente ne sontpas applicables à toute la Sologne, s'ils le sont quelque part.

Ainsi, il estime ses bourrées d'élagage de pins à 4 fr. nets, la corde à charbon retirée ; dans le centre de la Sologne elles ne sont vendables aujourd'hui à aucun prix ; en outre, il nous parle de 5,000 mètres de chevrons par hectare. Ces 5,000 mètres de chevrons lui donnent, à 0 fr. 15 cent. l'un, 750 fr. ; c'est à la fin de la période de 25 ans qu'il trouve ce produit en chevrons, à l'âge où la sapinière entière sera abattue, qu'elle ait 6 ou 10 hectares, ce sera 30,000 ou 50,000 mètres de chevrons à placer ; or, on ne trouve pas tous les jours une ville en construction dans son voisinage, en supposant encore qu'on soit seul à vendre des chevrons, et que les constructeurs veuillent exclusivement employer ce bois assez médiocre en charpente. Notez qu'à 25 ans, après les éclaircies successives, et ces 5,000 mètres de chevrons, qui supposent 1,000 pieds de pin à 5 mètres de chevrons en moyenne, et à une distance les uns des autres sur le sol de 3 mètres et quelques centimètres, il trouve encore de quoi faire 2,000 cotrets, ce qui semblera fabuleux à tous ceux qui connaissent la Sologne et ses produits en bois.

Malgré l'autorité du sylviculteur expérimenté de qui l'auteur tient, dit-il, ces évaluations, nous les rejetterons comme un dangereux mirage, et comme des exagérations qui tendraient à faire supposer que la Sologne peut se passer de l'intérêt et de l'appui de ses puissants protecteurs.

Le mémoire se termine par quelques prescriptions de détail sur l'élagage des arbres, le soin qu'il recommande d'éloigner les bestiaux des plantations, et par l'avantage qu'offre l'emploi de la charrue forestière de M. Dubois.

Les questions du programme y sont imparfaitement traitées ; la troisième et la cinquième n'y sont point résolues. C'est donc un ouvrage imcomplet, où l'auteur montre de bonnes idées quoique peu nouvelles, de la netteté dans l'exposition de ses principes, et surtout une grande modestie.

Cette lucidité dans l'exposition de ses théories est plus évidente encore dans le mémoire n° 2, qui porte pour épigraphe : *Si canimus sylvas, sylvæ sint consule dignæ.* La marche de l'auteur y est plus méthodique ; il suit le programme pas à pas, prend les questions les unes après les autres, et ne les quitte que quand il croit avoir donné la solution la plus nette.

Il commence logiquemement par l'examen des terrains, de la nature du sol et du sous-sol, de son état de sécheresse ou d'humidité, indiquant, dans ce dernier cas, pour l'assainir, le drainage, méthode peu convenable à mon sens, pour un sol à boiser. Il applique à chaque terrain, d'après sa composition, l'espèce de pins qui doit y prospérer, établit les frais et dépenses de semis ou plantations en pins sylvestres et pins maritimes ; parle dans un terrain de bruyères et d'ajoncs de vendre la bruyère qu'il juge devoir rapporter 150 fr. par hectare, produit bien illusoire dans la majeure partie de la Sologne, puis d'y mettre des pins sylvestres au moyen de la transplantation ; il nous semblerait préférable de soumettre sa terre à une culture de quelques années, après avoir vendu sa bruyère si elle peut se vendre, et de ne planter le bois que lorsque le sol sera ameubli et mûri par plusieurs récoltes.

Il approuve le mélange des essences résineuses ; celui du pin maritime et du pin sylvestre surtout, et penche à donner la préférence à cette dernière espèce ; il fait valoir l'avantage des semis épais, comme moyen d'obtenir des arbres plus droits. Sur ce point, nous croyons que l'avantage des semis épais est en raison de la proximité et de la facilité des débouchés ; ils ont un grand inconvénient dans le centre de la Sologne, ils donnent des sujets plus maigres, plus effilés, obligent à des dépressages répétés et coûteux, et occasionnent des encombrements de menus bois gênants et parfois nuisibles.

A propos de la troisième question du programme, l'auteur met en comparaison le produit des terres en bois et en culture. Cette troisième question n'a été comprise par aucun des concurrents dans le sens qu'y a attaché le Comité

central, qui n'a point voulu établir un parallèle entre la
culture, proprement dite, et le boisement ; il a demandé
si une révolution de plusieurs pinières séparées par de
courts intervalles de culture, est plus profitable qu'un semis
de chêne sous les pins, et devant leur succéder ? Deux sys-
tèmes sont en regard : des sylviculteurs prétendent que le
chêne s'élevant lentement sous la protection d'une couver-
ture de pins, essence temporaire, qui l'abrite dans son jeune
âge, offrira plus d'avantage, en ce qu'il donnera, plus tard,
une essence précieuse de bois à demeure ; d'autres disent
au contraire, « nous ne contestons pas les quantités plus
précieuses du bois de chêne, mais il est certain que le bois
de pin, tout inférieur qu'il est en mérite, donne par la rapidité de sa crue un profit plus grand et plus sûr : nous pré-
férons donc, après une révolution de pins, en faire venir une
autre ; et comme le réensemencement naturel n'est pas toujours très-assuré, il sera utile de faire rapporter à la terre
quelques récoltes de céréales qui la disposeront mieux à
recevoir de nouveaux la graine de pin, ou les plantations. »
C'est le système des bois temporaires mis en opposition
sous le rapport financier avec le système des bois perma-
nents.

L'auteur, touchant la quatrième question, établit avec
détail la diversité des terres de la Sologne, et des essences
qu'il juge propres à chacune d'elles. Il passe en revue toutes
les espèces de pins et sapins : *Pin Sylvestre, P. maritime,
P. noir d'Autriche, P. du Lord Weymouth, Sapin argenté,
S. Nordmann, S. Douglas, S. Noble, S. Pinsapo*, etc. Cette
nomenclature, qui occupe 12 ou 15 pages, nous paraît un
peu longue en ce que plusieurs de ces espèces ne conviennent
point à la Sologne, et en ce qu'elle ne nous apprend que ce
que l'on trouve dans presque tous les traités de sylviculture.

Enfin, le mémoire traitant des espèces de conifères qui
sont propres ou impropres à la transplantation établit que le
pin sylvestre est celui qui a le plus de chances de réussite.

Il n'a jamais remarqué, dit-il, que les plants extraits

d'une pépinière aient un chevolis radiculaire plus formé que ceux qu'on lève dans un semis à demeure ; sur ce point, nous sommes d'un avis contraire au sien.

L'auteur ajoute à son mémoire une note particulière dont nous avons à cœur de réfuter la teneur. « Bien, dit-il, que « le Comité central n'ait mis au concours que la question « des essences résineuses, il nous a paru utile de parler des « essences feuillues. » C'est une grande erreur et méprise de sa part : le Comité central n'a exclu, nulle part, dans son programme, la question des bois feuillus, et il ne pouvait pas le faire pour le reboisement d'une contrée dont la moitié de sa superficie était jadis en bois, à une époque où les essences résineuses y étaient inconnues. Il a parlé de *reboisement* sans spécifier les essences, laissant aux concurrents le soin d'indiquer celles qui étaient les mieux venantes et les plus avantageuses. Il ne s'est prononcé en rien sur la préférence à donner à l'une sur l'autre, laissant à chaque auteur toute liberté d'exprimer son opinion à cet égard. C'est ainsi que l'ont compris tous les autres concurrents.

Il croit donc devoir donner la série des arbres feuillus qu'il juge utile d'admettre au reboisement de la Sologne. Il signale leurs propriétés, leurs avantages et les meilleurs moyens d'assurer leur réussite.

Il termine son mémoire en exprimant le vœu, pour encourager les planteurs de bois, de diviser la Sologne et *la Beauce* en cinq ou six circonscriptions forestières, et d'établir un concours annuel où le sylviculteur qui aurait le plus planté, recevrait une prime d'honneur.

Ce mémoire, nous le répétons, est écrit avec beaucoup de clarté, d'élégance et de méthode ; il est fait avec un grand soin et se lit avec plaisir. Il est muni d'une table des matières fort détaillée, d'une table des auteurs consultés, et en outre, d'un tableau très-bien fait comme aide-mémoire pour la culture des arbres décrits, leur provenance, leur mode de propagation et le terrain qui convient à chacun d'eux.

Nous aurons, toutefois, à reprocher à l'auteur une grande exagération, dans l'évaluation de certains produits, des essences feuillues ; ainsi, il parle d'un taillis de chêne sur la commune de Salbris qu'il a estimé à vingt ans 1,800 fr. l'hectare ; nous craignons fort qu'il ne se soit mépris sur l'âge ou sur la valeur de ce bois : c'est lui donner un produit de 90 fr. la feuille, et nous ne pensons pas qu'aucun bois de cet âge, à cette situation, puisse valoir ce prix. Voisin du canton de Salbris, nos meilleurs taillis de chêne ne nous ont jamais rapporté la moitié.

Malgré la haute renommée de la forêt de Bruadan, nous avons peine à croire qu'elle donne annuellement, par hectare, un produit net de 120 fr. ou 140,000 fr. à cent ans.

Enfin, c'est avec non moins de surprise que nous avons appris qu'un hectare de châtaignier, coupé à six ans, valait autrefois 600 fr. de revenu, et qu'aujourd'hui, il en vaut *au moins* le double. M. de Montaudouin, au milieu du vignoble d'Olivet, ne vend les produits de sa belle châtaigneraie des *Quatre-Vents*, que 240 fr. l'hectare, à ce même âge de six ans, ainsi que nous le verrons à l'examen du mémoire n° 4.

Le n° **3**, avec l'épigraphe : *hominis labor prima virtus*, vient aussi d'une plume exercée ; l'auteur qui se prévaut d'une expérience de trente-deux années exclusivement consacrées au service des forêts de l'État, en qualité d'agent supérieur, avait déjà présenté son travail au dernier concours ; il y a fait, dit-il, d'importantes modifications, et il en appelle aujourd'hui, auprès de vous, du jugement prononcé contre lui en 1862.

Frappé des observations judicieuses du rapporteur d'alors, il restreint aux marais seuls un système particulier de banquettes, fort coûteux, qu'il appliquait à une vaste étendue de terrains pour les mettre en bois,

2

Il reconnaît cinq espèces dominantes de bois propres à la Sologne, parmi lesquels il place l'aulne, très-avantageux, dit-il, à cause de ses fleurs et de ses fruits, qui fournissent au commerce des produits tinctoriaux et alcooliques d'une grande richesse. Il n'admet le bouleau qu'en essence secondaire.

Sensible encore, sans doute, aux reproches qu'on lui avait faits de ne point assez épargner la dépense. Il atténue le chiffre des frais au-delà de toute vraisemblance. Ainsi, à la page 21, il prétend, pour 80 fr., faire un écobuage sur un hectare de terre forte et glaiseuse, un labour de 15 à 18 centimètres de profondeur à la charrue, y pratiquer des bandes alternes, ouvrir sur la bande à boiser des *potets* de 30 centimètres, sur 25 centimètres de profondeur, placer dans chacun de ces *potets* 150 à 200 grammes de cendre, y jeter ensuite 12 à 15 graines de pin sylvestre, enfin, recouvrir cette graine de 3 à 4 centimètres de terre crue.— Plus bas, après un brulis des herbes étrangères, arbustes, bruyères, etc., il veut en répandre les cendres sur le sol, niveler parfaitement ce sol, le labourer en plein, donner un bon coup de herse, semer à la volée 12 à 14 kilog. de graines de pin sylvestre, enfin, le rouler, le tout pour 70 fr.

La semence seule vaut presque les 70 fr. Il est vrai qu'il en met quatre fois trop.

L'auteur, malgré les objections qui lui ont été faites, maintient son système de prés-bois, sur le jugement duquel nous renvoyons au rapport de 1862, de M. de la Rocheterie.

En combattant ces théories, nous n'entendons contester en rien les connaissances et le mérite de l'auteur, appliqués à la sylviculture d'autres contrées.

Nous passons enfin au dernier Mémoire, **n° 4,** qui a pour épigraphe cette phrase qui ouvre les *Études sur l'économie forestière*, de M. Jules Clavé : « Il n'est pas inutile « de rappeler quelquefois aux hommes que le monde n'a « été créé exclusivement pour eux, et que parmi les richesses

« dont ils jouissent sans scrupule, il en est dont ils ne
« sont que les dépositaires, et dont ils ont à rendre compte
« à leurs descendants. Les forêts sont dans ce cas, etc. »

L'auteur, qui a donné un grand développement à son
Mémoire, l'a divisé en huit chapitres, où il traite :

« Du passé de la Sologne ;

« Du sol et du climat et des essences qui leur conviennent;

« De la création des bois, semis et plantations ;

« De l'entretien et de l'exploitation des bois résineux ;

« De l'entretien et exploitation des bois feuillus ;

« Des bois mélangés ;

« Des châtaigneraies, auxquelles il consacre un chapitre
particulier ;

« Enfin, de la comparaison et alternance des cultures. »

C'est un traité assez complet de sylviculture dans lequel
les questions de notre programme se trouvent réparties, si
ce n'est dans l'ordre que nous leur avons donné, au moins
dans leur substance.

Après une longue dissertation sur les causes qui ont fait
disparaître la plus grande partie des forêts de la Sologne,
l'auteur ajoute : « Dire de la Sologne que, prospère au
temps où les forêts couvraient la moitié de son sol, elle est
devenue stérile quand les bois n'en couvraient plus que le
dixième, c'est démontrer la cause de sa stérilité ; le boisement, ou plutôt le reboisement, est donc le plus puissant
levier pour rendre à cette contrée sa richesse et sa salubrité. » Il invite donc les propriétaires à se rendre compte
des diverses natures de leur sol et indique les essences de
bois qu'il juge propres à chacun d'eux, les qualités et usages
de ces bois, dont plusieurs nous semblent incompatibles
avec le sol du pays. Il n'est point partisan du bouleau qu'il
voudrait remplacer par le *charme* qu'on n'apprécie pas assez,
dit-il, en Sologne. Il signale l'influence du boisement sur le
climat et la fertilité du pays.

Dans le chapitre troisième, il discute les avantages com-
parés des semis et des plantations, au point de vue cultural

d'abord, sur le mode qui offre le plus de chances de succès, puis au point de vue financier, sur le mode le plus économique ; il penche pour la plantation et appuie son opinion sur des raisons très-sages et très-bien déduites ; dans ce but il engage les propriétaires à avoir des pépinières sur la création desquelles il donne des avis fort judicieux. Les évaluations de dépense pour les deux modes de reboisement ne sont point exagérées. Nous trouvons seulement que, pour les produits, lorsqu'il porte la valeur d'un bois de chêne de vingt ans à 600 fr. l'hectare, soit 30 fr. la feuille, et celle d'un bois de pin de trente ans, à 1,840 fr., soit 91 fr. 25 c. la feuille, ces valeurs ne sont applicables qu'à bien peu de parties de la Sologne centrale. C'est encore une erreur de croire qu'en plantant des sujets de quatre ans, on gagne quatre années sur la révolution des bois ; les premières années, le plant *s'assied* et reprend racine dans la nouvelle terre, et ne profite pas. Nous n'approuvons pas beaucoup non plus les plantations par touffes de trois plants, ni les bouquets de neuf plants sur une surface de 70 centimètres, en semant de la graine de pin dans les intervalles, parce que nous ne voyons pas les avantages de cette méthode sur celle qui consiste à semer ou planter uniformément sur toute la surface.

Dans les deux chapitres suivants, l'auteur traite de l'entretien et de l'exploitation des bois résineux et des bois feuillus, et des produits de leur exploitation.

Bien que plusieurs de ces questions ne fassent pas partie essentielle de notre programme, ils y entrent naturellement ; car, planter ou semer des bois, ne suffit pas pour rendre un terrain productif, il faut encore que ces bois soient conduits et dirigés de manière à assurer leur belle venue et leur succès.

Les éclaircies doivent, selon l'auteur, se faire dès l'âge de quatre ans, ou au plus tard à sept : la première époque est évidemment prématurée partout, puisque certaines graines, celle du pin sylvestre surtout, ne lèvent souvent qu'après un an ou deux ; la seconde, opportune d'ailleurs, ne peut se pratiquer avec profit que dans les lieux où les bourrées peuvent s'écouler, le bois étant encore trop faible pour donner de la corde à charbon.

Il est d'avis d'élaguer les arbres résineux *rez tronc* ; les arbres souffrent moins, dit-il, que de laisser des *chicots* ; la plaie se referme promptement, et la concrétion de la résine s'oppose à la sortie de la sève.

Suit un long paragraphe sur la destruction des insectes, où il donne, certes, de bons avis, mais impraticables sur de vastes étendues de pinières, telles qu'on veut les exécuter en Sologne.

Quant à l'exploitation des bois de pin qu'il fixe à trente ans, il dit avec raison qu'il est difficile d'indiquer la valeur des produits qui sont selon la proximité des lieux de consommation et des voies de transport ; néanmoins il établit, contrairement à ce principe, des bases que nous ne pouvons adopter.

Exposant que généralement le produit des éclaircies ne fait jusqu'à seize ans que couvrir les frais d'exploitation, il prétend que dans la Sologne orléanaise les trois éclaircies faites de dix-neuf à vingt-quatre ans, donnent au moins chacune :

Quatre cents cotrets par hectare, à 20 fr. prix net... 80 f.

Soit pour les trois............................ 240

A trente ans on devra trouver sur pied huit cents pins, à 2 fr............................... 1,600

Ce qui donne un produit pour les trente années, de... 1,840 f.

Nous ne pouvons adhérer à ce dernier résultat ; on trouvera sur les bordures des arbres qui vaudront ce prix et même au-delà, mais dans l'intérieur de la sapinière, il s'en trouvera une grande quantité qui vaudront moins, et ne pourront être exploités qu'en cotrets.

Il conclut en disant que le repeuplement naturel du pin est rare, en avouant toutefois avoir vu un repeuplement de ce genre à Maisonfort, chez M. Delaage de Meux. Ce repeuplement naturel exige en effet beaucoup de soin, une grande surveillance et une nature de terrain léger et perméable, telle qu'est celle de la propriété qu'il désigne.

Passant aux bois feuillus, l'auteur donne des conseils sur le nettoiement qui débarrasse le taillis des essences parasites ; sur le balivage, sur l'élagage des arbres qu'il pratique aussi rez le tronc, toutes les fois que les rameaux n'ont pas, selon le précepte de M. Dubreuil, commencé à former leur bois parfait ; ne coupant les autres qu'à quelque distance de la tige.

Pour l'exploitation, il réprouve l'écorçage en Sologne, parce que cette opération se fait en temps de sève ; que l'on perd ainsi, outre la feuille de l'année, une partie de la vitalité des souches qui sont un an de plus sans recevoir la nourriture que leur envoient ordinairement les feuilles par la sève descendante ; et que dans les sols maigres qui sont les plus communs en Sologne, ces souches s'épuisent vite, il faut se garder de seconder cette disposition naturelle.

Il assure enfin que dans la Sologne orléanaise, on peut estimer que dans des conditions de moyenne fertilité, un taillis de bouleau peut rapporter à 8 ans, 170 fr. l'hectare, un taillis de chêne, à 15 ans, 350 fr., et à 20 ans, 600 fr., chiffres que nous n'accepterons toujours que sous réserve.

Il approuve, dans le sixième chapitre, le mélange des essences, mais repousse celui du chêne et du bouleau ; il ne veut, au reste, introduire le bouleau en Sologne que comme espèce secondaire qu'il faut détruire et dessoucher tous les vingt-huit à trente ans, comme le pin ; opinion bien opposée à celle manifestée dans les Mémoires n°s 1 et 2.

Il termine ce chapitre par une note sur le gemmage des pins, dont il parle encore sur les renseignements qui lui ont été donnés.

Le chapitre septième est particulièrement consacré aux

châtaigneraies, aux terrains où elles prospèrent, aux soins qu'elles exigent, aux produits de leur exploitation qui est auprès d'Olivet même, chez M. de Montaudouin, de 40 fr. par feuille.

Enfin, dans un dernier chapitre, l'auteur traite de la comparaison et de l'alternance descultures. D'après ce qu'il a dit précédemment, il conclut donc que les semis et plantations de pins sont de beaucoup les plus avantageux ; que les châtaigniers viennent ensuite ; que la culture des céréales et celle du chêne sont dans un rapport égal ; que celle du bouleau est la moindre de toutes ; appréciations faites pour la Sologne orléanaise, qu'il qualific de la plus heureuse partie de la contrée. Il n'infère pas de là, avec raison, qu'il faille mettre toute la Sologne en pinières et châtaigneraies, parce qu'une contrée aussi étendue a des besoins variés, et qu'il est nécessaire d'en tirer des produits de diverse nature, ce qui est très-sage; mais les autres raisons qu'il donne sont moins acceptables ; il affirme entre autres choses, que les pins, tout en rapportant plus que les autres essences de bois, rapportent plus tard, ce qui est une erreur; car, quelle est la nature de bois qui donne des produits plus prompts ?

Quant au système d'alternance des cultures, il ne considère les bois que comme une culture temporaire, même le chêne et les bois feuillus ; il veut leur laisser donner tous leurs produits, atteindre toutes leurs révolutions, et ne les livrer à la culture proprement dite que quand ils cesseront de produire et commenceront à se dépeupler. Il pense qu'alors le détritus des feuilles et des branches mortes donneront une couche épaisse d'humus d'une richesse singulière en principes azotés, qui, traitée avec 6 ou 700 kilogr. de phosphate pour lui faire perdre son acidité, donnera pendant plusieurs années de larges récoltes en seigle, avoine et sarrasin.

Voilà, dit l'auteur en terminant, le but final de l'amélioration de la Sologne par les bois; l'agriculture recevant de la

sylviculture un terrain fertilisé. C'est l'application d'un apho-
risme qu'il a donné au commencement de son Mémoire :

Si tu veux du blé, fais des bois

Ce Mémoire, Messieurs, qui est le plus étendu de tous,
est aussi, nous le pensons, celui qui a exigé le plus de travail et de recherches; on peut ne pas adopter toutes les
théories de l'auteur ; mais pour la distribution, pour la
manière dont ses idées sont exposées, pour les soins qu'il a
mis à les exprimer nettement, pour les vérités qu'il contient,
nous sommes amenés à lui donner la préférence.

Nous ferons toutefois un reproche à l'auteur, et ce reproche est commun à tous les autres ; c'est de ne connaître
qu'imparfaitement le pays de la régénération duquel ils
s'occupent ; leur traité et leurs préceptes sont moins le fruit
de leurs expériences, que celui de leurs études profession-
nelles, de leurs lectures, de leurs informations individuelles;
leurs inspirations sont puisées plutôt à l'école de Nancy que
sur le terrain même de la Sologne : d'où proviennent des
erreurs dans l'évaluation des produits, dans le choix des
essences convenables.

Avant donc de terminer notre Rapport, nous avons à
nous demander si le but du Comité est complètement atteint.
En effet, quelles lumières nouvelles, quels fruits importants
pouvons-nous attendre et retirer de ce concours ? Des notions générales, quelques aperçus personnels, des appréciations contradictoires qui jettent un certain vague et une
hésitation naturelle sur les théories et sur les applications.
Nous allons essayer de résumer ces enseignements selon le
sens que nous croyons utile de leur donner dans l'intérêt des
sylviculteurs de la Sologne ; c'est une solution qui intéresse
non-seulement le pays en masse, mais chacun des propriétaires, car s'ils ne sont pas tous cultivateurs, il en est peu
qui ne possèdent des bois, et tous ont intérêt, nous pensons,
à les multiplier.

Nous prendrons ce qui nous semble bon et praticable

dans les Mémoires des concours, et nous oserons y ajouter ce qu'une expérience de trente-cinq ans a pu nous enseigner, en regrettant qu'un de nos honorables collègues, plus capable, n'ait pu ou voulu se charger de cette tâche.

Sur les procédés de boisement, nous n'avons rien à ajouter à ce qui a été dit ; il n'y a que deux modes de boisement : la plantation et le semis ; Olivier de Serres l'avait déclaré. Il est évident qu'avant de les pratiquer il convient de donner au sol les préparations convenables, d'étudier la nature de ce sol, et parer autant que possible à ses défauts par des assainissements, s'ils sont nécessaires. Les diverses natures des terres de Sologne sont bien désignées et distinguées dans les Mémoires, il s'agit donc de choisir les essences qui conviennent à chacun d'eux.

Ce serait une grande erreur de croire que telle essence ne convient qu'à un certain terrain ; il en est qui prospèrent dans presque tous les sols, et quatre ou cinq essences suffisent pour le reboisement de la Sologne, sauf pour les terrains exceptionnels. Semez une pinière ; pour peu qu'elle ne soit pas trop dense, vous trouverez après le premier dépressage, le dessous garni de plants de chêne, de châtaignier, de bouleau, bien que vous n'en ayez point semé, bien même que les pieds porte-graines de ces essences, soient fort éloignés de la sapinière ; c'est une première indication des essences de bois naturelles et sympathiques au pays, sans toutefois qu'on puisse en induire une végétation vigoureuse par la suite, si le sous-sol ne s'y prête pas ; nous pensons donc que, si à ces trois essences on ajoute l'acacia dans certaines conditions de terrain, on peut boiser tous les sols qu'on ne mettra pas en pins. Nous repousserons donc la plupart des essences indiquées dans les quatre Mémoires : le hêtre d'abord qui n'y convient nullement, les érables que nous avons vainement tenté d'établir dans nos jardins, l'ailante glanduleux, l'alisier des bois, le frêne, l'orme et le charme.

Le chêne et le châtaignier sont trop connus et

trop unanimement appréciés pour que j'en reparle dans ce résumé que je voudrais rendre court. Il n'en est pas de même du bouleau, dont plusieurs concurrents semblent méconnaître les précieuses qualités : s'il a quelques inconvénients, il a de grands mérites. Il vient dans tous les terrains, il croît rapidement, il ne gèle jamais ; il est propre à une foule d'usages, au cercle, au sabotage, au charronnage, en bois à brûler ; il s'exploite en cotrets comme le pin, et avec plus d'avantage, puisqu'il n'a pas besoin d'être écorcé pour être livré aux ports de Paris ; pour cet usage son bois en corde se vend aujourd'hui au même prix que le bois de chêne. Nous ajouterons, si cette observation n'est pas frivole, que c'est le plus gracieux de nos arbres forestiers.

L'acacia est une essence de bois fort bonne à propager en Sologne; il pousse très-vite, donne des jets superbes, est très-recherché pour sa dureté pour échalas quand il est jeune, plus tard pour le carrossage, la menuiserie et l'ébénisterie. Il est assez difficile à élever, parce que les lapins et les lièvres en sont très friands. Il est lui-même fort redoutable par ses épines qui rendent son exploitation difficile, et par sa nature envahissante ; ses racines courent fort loin sur la terre et franchissent bientôt les bornes qu'on a assignées à sa plantation. Sa graine assez légère envahit également les terres avoisinantes.

Les aulnes et les saules, bois de peu de valeur, seront réservés pour les terres exceptionnellement humides.

Il est peu d'essences forestières plus avantageuses que le pin et qui donnent des produits aussi prompts : « la culture de cet arbre a été non-seulement, dit un auteur moderne (1), une fortune publique pour les pays où il est cultivé, mais encore une cause de développement du progrès et de la civilisation, car si les ouvriers des bois recherchent en lui ses matériaux de construction, le boulanger, le combustible nécessaire à la cuisson du pain, le peintre ses

____

(1) Docteur Reveil, *Annales forestières*, juin 1865.

essences, le fabricant de vernis ses résines, le mécanicien ses graisses végétales, le marin le goudron et la poix, le médecin un nombre considérable de médicaments utiles, il se trouve encore mêlé à la découverte la plus belle et la plus extraordinaire de notre époque, à la télégraphie électrique (1). »

Relativement au mélange des espèces et des essences, nous les adoptons formellement et les conseillons aux sylviculteurs. En effet, « l'expérience apprend que les bois en massif présentent une végétation beaucoup plus belle, lorsque les essences sont mélangées, que quand elles sont de la même espèce ; les différentes essences enfoncent leurs

(1) A cette apologie du pin nous ajouterons encore divers avantages qui n'y sont pas mentionnés.

Le bénéfice qu'on peut retirer des cônes et des graines avec lesquels plusieurs propriétaires se font un revenu particulier qu'il n'est pas permis d'omettre.

L'odeur balsamique qu'il répand dans l'air, dont il purifie les émanations insalubres.

La spécialité que possède le pin, de garder ses feuilles en toutes saisons, et de conserver ainsi toute l'année le privilége qu'ont les parties vertes des végétaux, d'absorber l'acide carbonique de l'atmosphère, et sous l'influence de la lumière, de retenir le carbone et de laisser l'oxigène en liberté ; et d'absorber encore, par la respiration des feuilles et par l'évaporation des gouttes qui reposent sur leur surface, une partie des pluies d'hiver qui contribuent à former les étangs et marécages de la contrée.

La propriété qu'on lui attribue de soutirer par la forme pointue et allongée de ses feuilles, le fluide électrique des nuages, et d'éloigner ainsi les chances de grêle.

Enfin, l'avantage d'une essence de bois qui a 4 ou 5 ans, peut se défendre des bestiaux pendant une période de vingt-cinq, trente ou quarante années ; avantage précieux, surtout dans la Sologne centrale, où les bois sont généralement mal gardés par des métayers négligents et des pâtres inattentifs, et où dès lors il n'y a plus ni les fossés à refaire périodiquement, ni à exercer cette surveillance assidue qu'exigent les bois feuillus après chaque coupe.

racines, et conséquemment puisent leur nourriture à des profondeurs inégales, et laissent ainsi à chacune toutes celles qui peuvent lui convenir ; tandis que lorsqu'elles se trouvent toutes de la même espèce, elles vivent toutes pour ainsi dire à la même table et se disputent leur subsistance. »

Nous pouvons donc associer avec avantage des essences feuillues et des essences résineuses entre elles, ou les unes avec les autres ; les pins sylvestres et les pins maritimes, les chênes et les pins, les chênes et les bouleaux, les bouleaux et les châtaigniers : ce dernier mélange surtout nous paraît très-heureux et très-profitable : ils croissent l'un et l'autre avec rapidité, ils servent aux mêmes usages comme taillis ; peuvent l'un et l'autre se couper de bonne heure ou tard, pour faire du petit ou du grand cercle : l'un tendre à la gelée de printemps, l'autre endurant parfaitement le froid et pouvant, au moyen de son feuillage hâtif, protéger son voisin contre les premières frimes. Peu d'insectes recherchent et dévorent leurs feuilles, ce qui est un grand point, car lorsque de deux espèces de bois mélangées, l'une est arrêtée par une cause quelconque, l'autre prend le dessus et étouffe son associé.

D'après ce que nous avons vu dans les Mémoires, les résultats présentés par leurs auteurs, et les évaluations de produits dégagés de toute exagération, les pinières sont plus avantageuses que les bois à feuilles caduques ; à une première révolution de pins à 25 ans, il conviendrait donc d'en substituer une autre, après avoir rameubli et reposé la terre par quelques années de culture. Une plantation de chênes à trouver sous la pinière après la première révolution, a sans doute quelque chose de séduisant et semble devoir offrir de grands avantages ; mais on y est souvent trompé : nous avouons l'avoir été ; des glandées qui étaient magnifiques et paraissaient lutter de force avec les pins, ne nous ont donné, laissées seules, que de maigres produits, soit qu'elles aient absorbé, les premières années, les sucs nourriciers qui leur étaient propres, soit par quelques autres raisons que nous ignorons.

Doit-on en conclure l'exclusion du bois de chêne ? Non, sans doute, car il faut à la sylviculture des produits variés, car beaucoup de terrains en Sologne sont favorables au chêne qui est un bois précieux, et le chêne, même mal venant, est utile aux sapinières pour fournir des liens à leur exploitation en cotrets et bourrées ; et à cet égard nous ne pouvons qu'approuver certains propriétaires qui entourent dans ce but leurs pinières d'une ceinture de bois flexibles.

Mais peut-on faire succéder sans cesse une pinière à une pinière ? Le sol ne finira-t-il pas par s'en lasser ? C'est l'observation qui l'apprendra : quand les pins deviendront languissants, ce sera un avertissement, et le propriétaire jugera alors s'il doit remettre définitivement sa terre en culture, ou s'il doit lui confier une nouvelle essence de bois.

Le pin maritime et le pin sylvestre sont encore aujourd'hui les espèces dominantes en Sologne ; le premier surpasse l'autre, dit-on, d'un cinquième pour la rapidité de la crue et le rendement ; il contient aussi plus de résine ; le second est moins difficile sur la nature du terrain ; son bois est plus estimé comme bois d'œuvre, et peut sans inconvénient être brûlé avec son écorce ; il est moins sujet à la gelée et à certaines maladies, mais il n'a que peu de pivot, et quand il n'est pas protégé par des massifs, les grands vents d'équinoxe l'abattent facilement, surtout lorsque le sol est détrempé par les pluies. Leurs qualités se balancent donc, et nous invitons à les semer ensemble. Les pins Laricio, pins noirs d'Autriche, pins du lord Weymouth, réussissent bien aussi, nous en avons vu de beaux massifs dans plusieurs propriétés ; mais ils sont moins répandus, et l'on ne connaît pas encore toutes les qualités qu'ils peuvent acquérir dans la Sologne. Plusieurs autres espèces de pins et sapins pourront y être introduits plus tard avec fruit ; ils sont aujourd'hui à l'étude dans les travaux de sylviculture expérimentale poursuivis avec tant de zèle par M. le marquis de Vibraye à sa terre de Cheverny.

À l'exception du pin maritime, toutes les espèces de pin introduites jusqu'à présent en Sologne comportent le repiquage, et nous croyons comme l'auteur du n° 4, qu'au point de vue cultural et au point de vue économique, cette méthode est la plus sûre, parce qu'on est rarement certain de la qualité de la graine que fournissent les sécheries, ni de celle que livre le commerce : ces graines sont assez coûteuses, et la spéculation fait souvent passer de la douteuse et de la mauvaise pour de la bonne. Quand on veut mélanger en semis le pin sylvestre avec le pin maritime, il y a moins d'inconvénient, en ce que cette dernière espèce peut suffire à garnir le terrain ; mais quand on veut avoir la première isolément, il n'y a point à hésiter, le repiquage est urgent.

C'est dans ce but que nous applaudissons à l'idée de la création de pinières sur un sol homogène à celui qui doit recevoir les plants à demeure ; nous les jugeons utiles non-seulement pour les conifères, mais encore pour les essences à feuilles caduques, même pour le chêne qu'on voudrait planter dans les années où il y a pénurie de glands ; ces recommandations font le sujet d'un des meilleurs chapitres du dernier Mémoire.

Enfin, si l'on préfère le semis avec ses risques, quelle est la quantité de semence exigée ? Les concurrents parlent de 15 à 18 kilogr. de graine par hectare de pin maritime et pin sylvestre, de 10 à 12 au moins ; la moitié est plus que suffisante, surtout si votre terre est bien préparée. Le meilleur moyen d'épargner utilement la semence est de ne rien épargner pour la préparation du sol qui doit la recevoir. Nous avons eu de fort belles sapinières avec des semences de trois à quatre kilos de pin maritime par hectare. Qu'il suffise de savoir que le kilogramme de cette dernière espèce contient de 20 à 25,000 graines, et celui du pin sylvestre 150,000, et que 12 à 15,000 graines fécondes suffisent à bien garnir un hectare. C'est donc encore laisser une large part aux graines défectueuses et à l'avidité des oiseaux.

Telles sont, Messieurs, les observations que nous avons jugé utiles de faire pour parer aux erreurs ou omissions des concurrents, et que nous aurions désiré exprimer plus brièvement.

Nous tenions surtout à vous faire remarquer le fait dominant qui ressort de ce concours ; c'est l'aveu, par tous les concurrents, de la supériorité du pin, sous le rapport de la production , sur toutes les autres essences de bois ; c'est donc la conquête la plus heureuse qu'ait faite la Sologne. Pour moi, je ne traverse jamais une pinière sans penser aux anciennes armes des Châteaubriand, qui étaient deux pommes de pin avec cette devise : *Je sème l'or*. Si la Sologne avait jamais à prendre des armes, je souhaiterais qu'elle n'en choisît pas d'autres.

La Commission vous propose donc, Messieurs, de décerner la médaille de 500 fr. au n° 4, et d'accorder au n° 2 une mention honorable.

Le Comité adopte les conclusions du rapport.

— M. le secrétaire-archiviste E. Gaugiran, ayant remis les billets du n° 4 et du n° 2 renfermant les noms des auteurs, M. le Président brise les cachets et décerne :

1° Le premier prix à M. Poucin (Théodore-Louis), ancien élève de l'École forestière, sous-inspecteur des forêts à Orléans ;

2° Une mention honorable et la médaille d'argent du Comité, à M. Fennebresque, ancien élève de l'École impériale d'agriculture de Grignon, vice-président de la Société d'agriculture d'Indre-et-Loire, directeur des cultures de la colonie de Mettray.

Sur la proposition de M. le Président, le Comité décide que les deux Mémoires couronnés seront imprimés, pour leur distribution être faite en Sologne avec le rapport de M. Baguenault.

POUR COPIE CONFORME :

Le Secrétaire-Archiviste,

Ernest GAUGIRAN.